U0124779

International Interior Designers

国际室内设计大师　设计实例

EXAMPLES OF WORKS

店面／店铺 ②　Commercial

吉林美术出版社

international interior disngner`s examples of works

序　言

室内设计——日常生活中的建筑艺术

罗锦文

室内设计师所要处理的是一个复合体。该复合体位于美学、经济学、技术学、心理学和社会学交叉的十字路口上。一个世纪以来，随着“装饰艺术”生产方式的急剧变化，生活方式和行为方式也发生了变化。建筑艺术和室内设计作为一个新动力，所发挥的作用是无需置疑的。

在艺术实践中，室内设计师既要考虑到知识与良知之间的功能截然不同，就像他们互不相容；又要发挥两者的协同作用。室内设计师是一位多面手。他的目标不仅仅是决定一个物体或一方空间的形状，还要提供居住艺术的全球性构思并鉴赏现存艺术。

谈论室内设计业时，一个特殊的用词就会浮现在脑海中，那就是——现在。室内设计师的设计艺术以日常生活为中心，能够激起他们的灵感是生活中的一刹那，一个快门，是此时、此地。这一行业并不企图愤世嫉俗，而是要为生活多添些色彩，让每个空间（无论新旧）都能得到用武之地的机会。

但是当人们在品评这个多面手的职能和作用时所采用的标准，比时间还要捉摸不定。室内设计师在设计前，就必须组织起生活的一切因素：材料（经济的、技术的）、智慧（科学的、社会的、道德的）和直觉。更重要的是，只有当这一创造与客户的描绘如出一辙时，它才能够有立足之地。因而设计师必须将自己完全浸入一个参考模式，运用他的才华去分析。为了化参考模式为现实，他要调用他的理论含反馈，和具备同时期所必须的专业和技术。室内设计师的职业习惯有哪些呢？非常广泛。从个人居室到公共场所：他的设计艺术应用范围也很广泛，从文化场所到所有的公共场合，囊括生产、流通、服务和交通等各行业。诸如有影响力的公共团体，个人捐赠的香港教会基金，把旧建筑改造成文化或服务设施等等，为室内设计师（个人或互相约来的设计组）提供了机会。他们设想新的生活空间，为博物馆和剧院设计室内新形象，为最初的设想寻求空间答案和恰当成果。最后，将室内设计理念扩大到城市环境，增加了专业领域，提高了在设计中融入城市特色、符号和风景的技艺。

室内设计师与工业设计师的不同就在于室内设计师所关注的是我们日常生活环境中的因素，尤其是空间因素。他要同时面临许多工作对象：一座建筑的基础设施、给养系统以及空间内的一切物体。抛下他所要改造或创造的空间不谈，他还必须在传统与现代、艺术与工业之间找到融合。

这以上领域如水火不容般矛盾重重吗？当然不是。室内设计师的文化双重性将其带到当代创造的多样化趋势与生产的传统模式的交汇处，而且，他要从矛盾中获取灵感。这一行业永远处于新思想、新观念和新文化的交叉点上。

灯光之陈列货架

设计公司：杨格室内设计事务所
项 目 名：双喜古玉精品店
项目地点：台湾
客　　户：施俊谋先生

大门入口

大门内望

1、小坪数大空间的要求。

2、把不同的接待方式明显地区别开，而且不相互干扰。

3、本案所在位置的对面有一道白色外墙，反光性强，亦是为设计必需考虑的重点之一。

客户需求

1、干净、素雅为基本空间架构。

2、区隔出VIP区域与接待区，以传达出古玉精致的要求。

设计理念

1、在虚实间恰当表达空间的归属感，并传达出古玉精致的要求。

2、退缩的入口区，并以半弧立墙切出简单的橱窗展示区与接待区的密切关系。

会客室
- 购物休息处
- 卫生间

铺面

设计者: JEFFREY KOO
设计公司: JIUH YEOU 股份有限公司
国家或地区: 台北
项目名: Belle's 珠宝店
承建商: Jiuh Yeou 股份有限公司
客户: Belle's 珠宝店

橱 窗

陈列架

工程面积有20坪(720平方英尺)，位于台中市最佳零售区建筑内，具有独立性质的底层。要求设计和建造一个流行的珍宝店。工期为16天。

客户的商品服务对象是业主、年轻人和有精力的女人。客户希望他的店能反映出商品的唯一性，并具有竞争力。

客户限定我们一典型预算，希望能在合理预算的基础上创造一个独具特点的主题店。

位置位于大都市中心，各种时髦商店鳞次栉比。设计的策略具有以下特点。

1. 一个温暖舒适的环境。
2. 最高质量，特别项目。
3. 商品富吸引力。
4. 独特的店面和流行的材料。

我们使用明亮颜色的石头来装饰店面，达到与霓虹灯相匹配，以此来强调未来，表达商店的特点。

我们强调天花高度，创造一个拱型“Vixalit”古典天花。

我们使用“Marmorella”和“Slatecoate”墙、温暖的光线与我们时髦的主题相配。

我们使用螺旋钢楼梯来表达柔和及有精力的主题。

我们使用有特色的地板(环氧基和水泥、钢的混合物)来表达可知环境的感觉。

地台和天花

Grigioperla at Marguerite Lee

正门入口

项 目 名：Grigioperla at Marguerite Lee
项目地点：The Landmark Central Hong Kong

将现有一家装修完备的女内衣专卖店翻新成一家保留女士用品专卖区的男士用品专卖店。在仅有 335 平方英尺的场所内，男士用品区面对着一个显赫的三层购物中心。由于沿公共购物走廊处的线状形态，男士用品区拥有扩大的店面。

在为顾客创造个性感的同时，充分利用临街铺面的延展性。

为客户即将推出的一系列新男士服装设计和创造高雅、尊贵的绅士形象。

通过应用现有的标准店铺空间结构悬挂、折叠和展览衣物，要解决最大的空间设计和成本效益之间的矛盾。

装饰男士用品区要尽力避免对临近的女士用品区造成影响。

创造舒适、独特的男士用品区形象，既要与女士用品专卖区的周围环境相区别又要相联系。

在一个小型的形状奇异的六边形地板上，要尽可能地布置出最大的展览区又要留有足够的仓储区。

设计途径

男士专卖店的组织结构体现了对称与庄严的特色。精雕细刻的材料、木质本色的抛光面和压制的阳刚之气与女士用品专卖店既浑然一

陈列室

体又形成鲜明的对照。但女士用品专卖店的设备是涂色的而不是天然颜色。单间试衣室既可以展览衣物又可以存放衣物。

第一流的男士俱乐部的风格和形象与试衣室的舒适和豪华通过以下设施结合起来。富丽华贵的樱桃木和枫树木，大理石镶嵌的墙纸，墙壁与墙壁之间深深刻进的饰毯，部份与整体之间比例谐调的坚固木材和装饰一新的设施。立柱结构的入口，向上的光线照射的圆顶天花板及其下面的展览品和上面放着梳妆镜的穹形建筑通道都与玻璃制成的临街铺面在一条轴线上。这种联系与统一夸大了视角，并在一个小店内创造了更大一些的空间。男士专卖店与女士用品专卖店由一条古典的穹形门廊连接，两个区域都设计了这种穹门，穹形回廊既起到了分隔作用，又起到了统一的作用。

所有的硬木、纤维和地毯都是无危险且能更新的，反映了设计人员保护环境的观念。

设计途径的核心是：弹丸之地空间的有效设计与庄严的设计原则和优雅的设计材料相结合。

陈列室

Ladies' Floor, The Signature

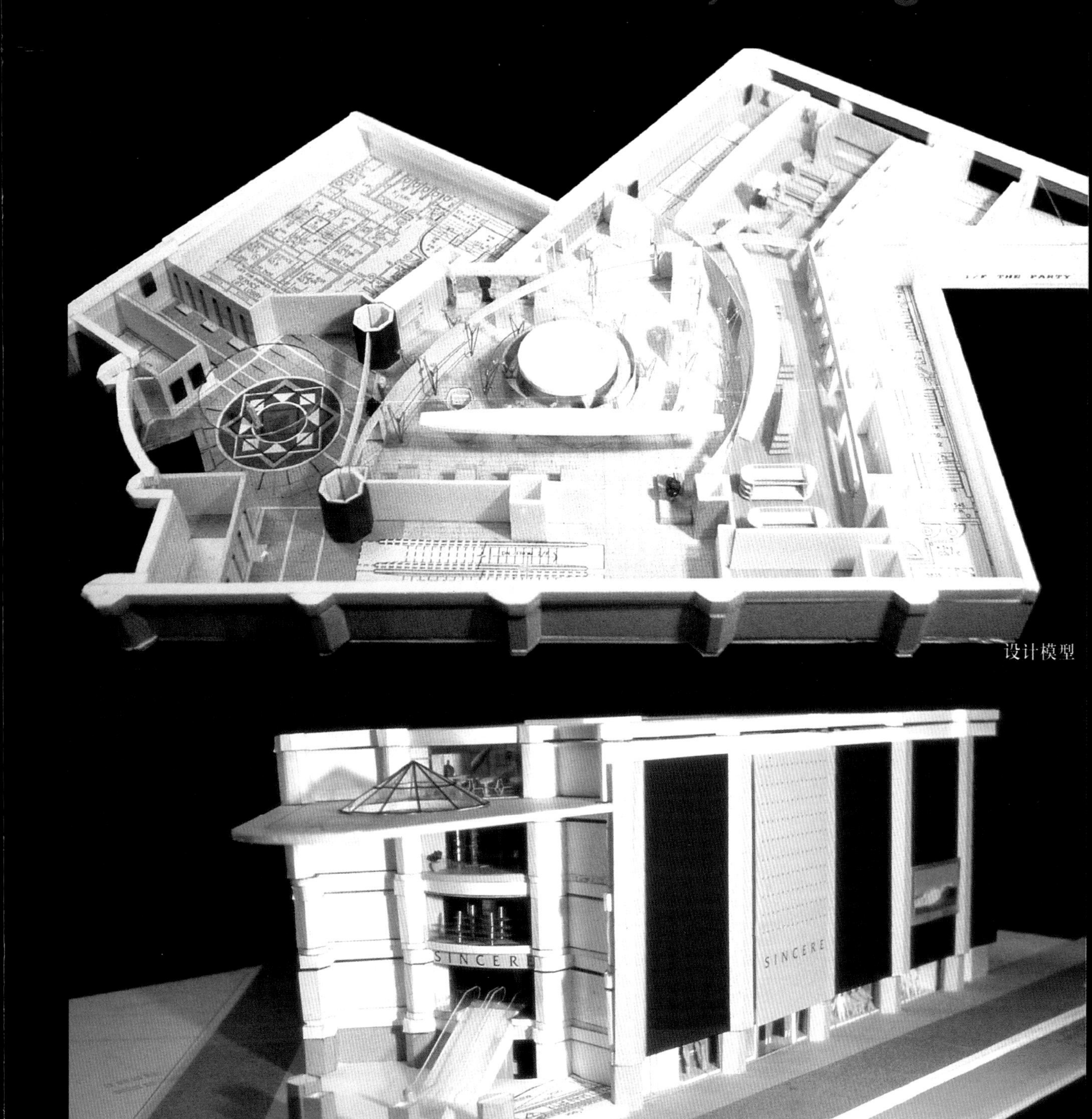

设计模型

设计模型

项 目 名: Ladies' Floor, The Signature
项目地点: Lee Theatre Plaza Causeway Bay Hong Kong

名牌女装正门入口

女装部陈列室

香港一家资深誉广的零售业在一新销售处的女士用品专卖店。先施的一家新 Signature 店，旨在更新商店形象并保持公司成功的基本因素：服务质量和货币价值。

设计结果不仅要吸引约三十岁的目标市场，而且要吸引现有的重要客户。所有设备都具有极大的灵活性以适应变化。

面临挑战

与那些虽在同一屋檐下却各不相同的百货公司不同，Signature 主要出卖自己的产品，因而需要鲜明的视觉特色以与周围的日本百货公司相区别。

女装部陈列室

女装部陈列室

设计途径

在设计商品展览时，剔除传统的"整齐的排列和过道"观念，设计流动的空间以更好地展览商品。

设计思路和审美

城市生活主题要在能够创造轻松、舒缓的氛围的设备和各个展区的名称及主题中表现出来。曲线型的结构、温暖的材料色彩和光线层次一起营造在女士专卖店又称"巾帼"用品专卖店温馨诱人的氛围。这里经营艺术展览和销售。在摇摆的树枝中获得灵感的7个根据顾客建议设计的精工铁质屏幕，表达了女性的柔美。

女装部陈列室

女装部陈列室

Basic Gear Shop

橱窗内望

项 目 名: Basic Gear Shop
项目地点: Shop 214 Times Square 1 Matheson Street Causeway Bay Hong Kong

Basic Gear男士流行服饰专卖店，经营D'Urban新近上市的新产品系列。

设计提要

— 灵活、清洁、整齐。

— 建筑造价低廉，但外观华贵。

面临挑战

采用经济廉价的材料设计流行形象。

解决途径

以白色石膏板、白色小板和三合板为基本材料，创造虚假的华贵外观。

设计思想和审美

在基本敞开的空间内使用直接或间接光线，朦胧玻璃和直线形与曲形组合，来增强空间感。

BASIC GEAR
D'URBAN
BASIC GEAR
D'URBAN
BASIC GEAR
D'URBAN
BASIC GEAR
D'URBAN
NEW ARRIVAL
BASIC GEAR

橱窗内望	效果图
陈列架	天花布局

陈列室一角

陈列架

墙 饰

设 计 者: SETMUND LEUNG
设计公司: SETMUND LEUNG 设计 & 计划者
国家或地区: 香港
项 目 名: Edinburgh&Vincci
项目地点: 湾仔太平洋广场
承 建 商: Wing Yip 装饰公司
客　　户: Reno Trading 有限公司

店面

入口处
服务柜台
墙　饰

Edinburgh&Vincci

这是位于太平洋商场的一间鞋店。它占地520平方英尺，是一狭长和很不规则的形状。要求分为销售和仓储两部分，与其他鞋店相一致。更进一步是设计雅致和具有吸引力，能使人纷至沓来。

设计思想

鞋店分两部分，一部分用来出售而另一部分用来库存。在店的中心，隐蔽灯被安装在曲型不锈钢插座上，作为两部分的分界线。这是鞋店的焦点，由于鞋店是狭长和不规则的，顾客容易忽视两边的展品。隐蔽灯安装在橡木的展台上，照亮了两边，柔和的灯光也能使鞋更具有吸引力，也能使鞋店感到宽大。在橡木的后面，有一些不同形状的装饰雕刻挂在墙的表面，加强了墙的美感。

在左侧，一个方柱上有一个不锈钢的球放在上面，创造了一个现代的艺术气氛，在右侧，是里边部分空的大圆柱，放着一个古典花瓶，增强了艺术和古典感觉。现代和古典相对照的这些装饰，也是男性和女性之间区别的标志。用不规则木柱图形构成的人工天花板来补充这上的艺术感觉。

由客户决定的暗颜色背景达到了与其他分店相统一的效果，而由设计者创造的新视觉空间又起到了突破作用。

天花

NOVEL SHOES & HANDBAG CO.LTD

天花

设 计 者: ZEB CHUI
设计公司: ZEB 空间设计公司
国家或地区: 香港
项 目 名: NOVEL SHOES & HANDBAG CO.LTD.
项目地点: 香港黄泥涌道
承 建 商: Aiwa 设计和合作公司
客　　户: Mr.K.Y.Lam

陈列架

墙 饰

出售产品体现在店面上，客户强调出售的是意大利式女鞋，店面要设计有女士在穿鞋和旅行的形象，同时希望设计后的店面在黄泥涌道路鞋街上更具有竞争力。客户强调要表达出“女人的脸是心灵的窗户，而店面是鞋的一面镜子”这一观点。

大 堂

设计思想和方法

店面的两面墙由波浪状的柱子混合形成的，为了不浪费空间，设计者巧妙地利用曲墙解决了暗橱问题，而光滑的曲墙使人们联想到仙女在上面款款而行。

使用材料

入口处用石灰石铺成台阶、柜台和中心柱子旁的展示台都用同一材料。墙和天花用简单的漆油装饰，山毛榉展台在里侧，而玻璃展台在另一侧，使鞋台层次分明。走廊铺上舒适的地毯，商店的中心柱子用金叶来装饰使之更加有特色。

详细方案

使用麻面结构墙和曲形结构墙最适合，同时很好地表达出设计者的感情。带有黄点山毛榉隐蔽橱窗节省了空间，而露在外面的一面是玻璃橱窗。山毛榉橱窗里的隐蔽灯和玻璃橱窗里的灯泡形成鲜明对比。

中心柱子是当时商店设计需要考虑的问题，但用金叶艺术处理，立在白墙中间，并与前后的曲形沙发相配，变成商店的一大特色。

店铺的脸面被描述的相当女性化，脸面变成产品灵魂的因素。

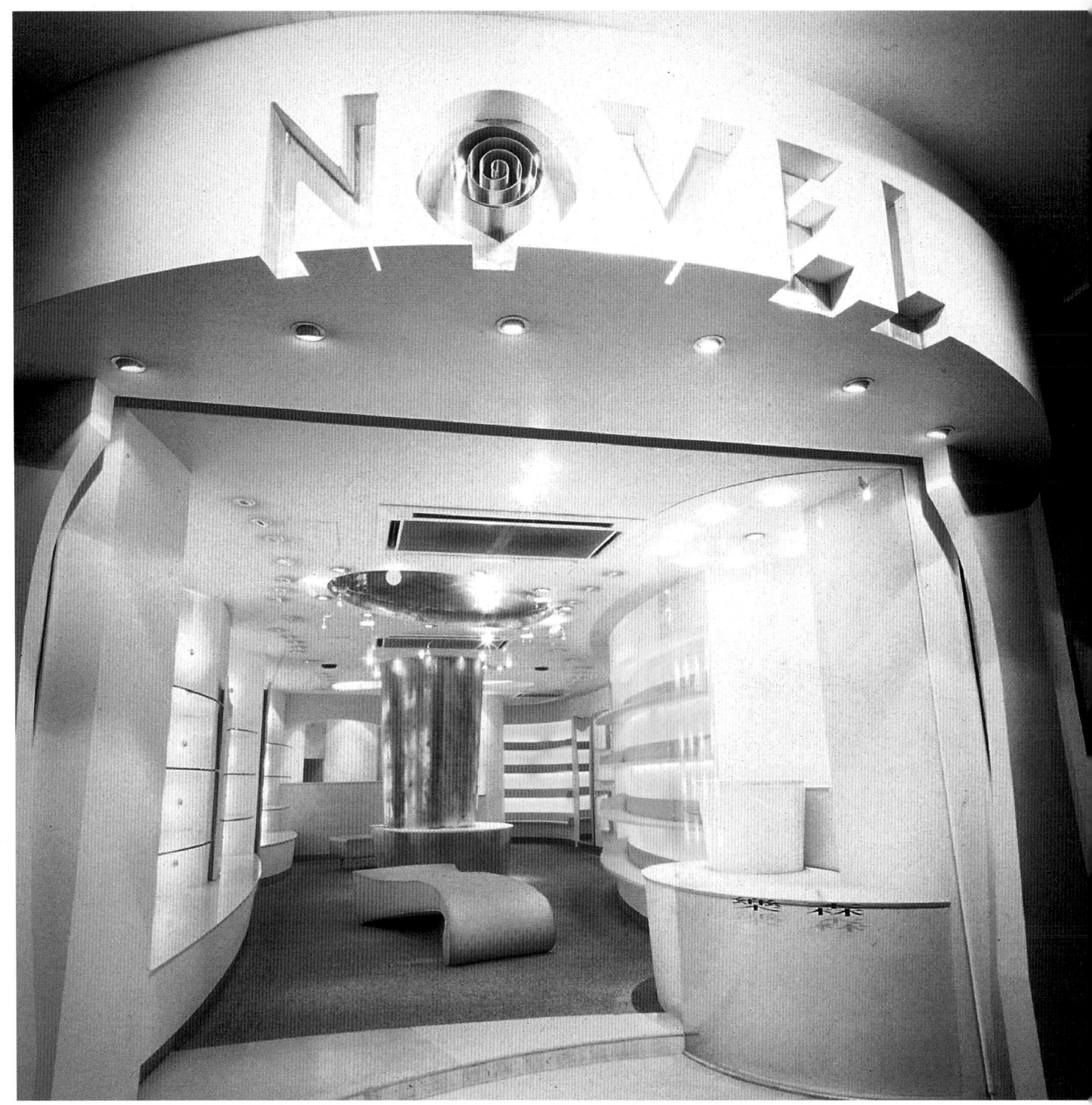

NOVEL SHOES & HANDBAG CO.LTD. 大门入口

陈列架

设 计 者: WILLIAM LIM
设计公司: CL3 建筑结构公司
国家或地区: 香港
项 目 名: 耐克商店
项目地点: 香港 中心 毕打街
承 建 商: Hung Hing Yui Kee Const.& Dec.Co.Ltd
客　　户: 耐克国际有限公司

耐克国际有限公司从1994年开始已经和CL3公司合作在九龙设计过商铺。耐克公司在毕打街上的分支机构，是香港第一家在1996年开始向亚太地区推销的美国运动服装公司，他具有最新的内部货架摆设系统。

只允许使用一些简单色彩以及一些基本材料，如混凝土、枫木、不锈钢和磨砂钢。提供与耐克商品反差大的背景及体育说明来增加耐克产品的权威性。

身穿耐克产品的黑白照片随着产品被贴挂。同时展示台也被使用来说明产品背后的技术含量。电视播放耐克产品更进一步加强了公司的形象。所有图像设备与产品有机地混合在一起体现出动态设计。

墙饰

墙饰

货架

货 架

MAX

NIKE
NIKE
NIKE
NIKE

Padini Authentics(Boutique)

设 计 者: FOO FAT-CHUEN
设计公司: AXIS NETWORK
国家或地区: 马来西亚
项 目 名: Padini Authentics(Boutique)
项目地点: 吉隆坡 Alpha Angle Wangsa Maju
承 建 商: Shenko Design Sdn Bhd
客　　户: Padini corporation Berhad

天 花

顾客要求

我们的客户要建立一家名为“PADINI UOMO”的零售店，专营男性职业服装并扩展经营比较时髦的男女便装。

我们要为这一品牌创造具有强烈个性的形象，并在全国使用，既适合百货大楼内的特许经营，又适合单独经营。

设计

本店分成两个区域。店的本体有一个拱形通路指向不同区域。这些区域都铺着质朴的土陶地板，天花板上有风扇。精选的墙壁装饰、松弛的柜橱和大衣柜的设计都符合设计主体。后部是“梯田”式的休息区，疲倦的顾客可以在那里享受一杯茶。由于地板大梁和设施采用的是来自克兰村的古木，这里的氛围发生了变化。本店既继承了马来西亚的一些遗风，又强调了生长在马来西亚零售商的市场战略。

休闲装及饰物

Men's Floor, The Signature

正门橱窗

项 目 名: Men's Floor, The Signature
项目地点: Lee Theatre Plaza Causeway Bay Hong Kong

男士服饰专卖店。指定两层楼中的一层作为先施新上市产品的销售店。

与女士专卖店一样，男士专卖店的目标购员为三十多岁的一群，但并不疏远现有顾客。

面临挑战

鲜明的视觉特点以使本店与周围其他建筑区分开。

设计途径

以同样轻松、舒缓的氛围把两个空间（女士专卖店和男士专卖店）统一起来，并使“城市生活”主体也融入男士专卖店中。

设计思想与审美

该层营业楼命名为“英勇”，并运用棱角分明、线条粗犷的方式来反映90年代的男士风采，以与女士服饰专卖店区分。色泽暗淡且具阳刚之气的色彩和材料与强烈的灯光结合使用，以创造神秘的氛围。这一区域分成休息室、沙龙、鞋子和寄售品四个地区。玻璃条呈网状镶入隔板把沙龙与休息室分开。为了强调先施的服务热忱，设置擦鞋区，以向顾客

皮鞋部

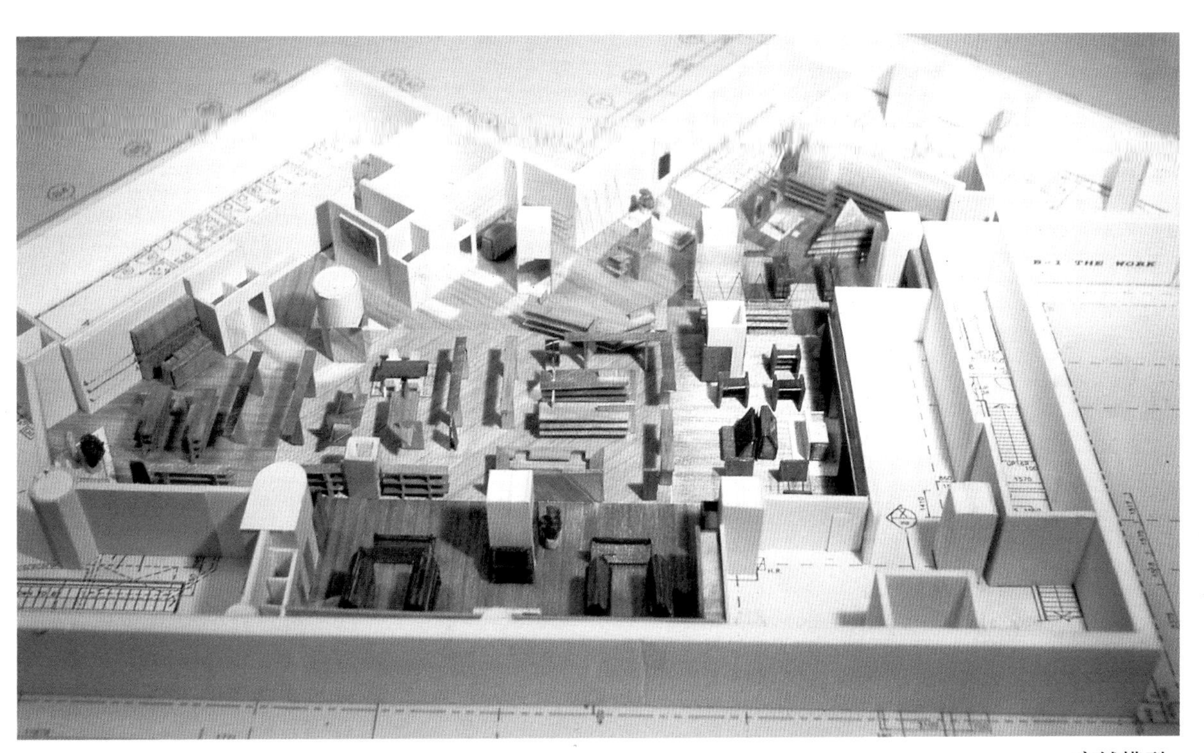

商铺模型

名牌男装陈列室

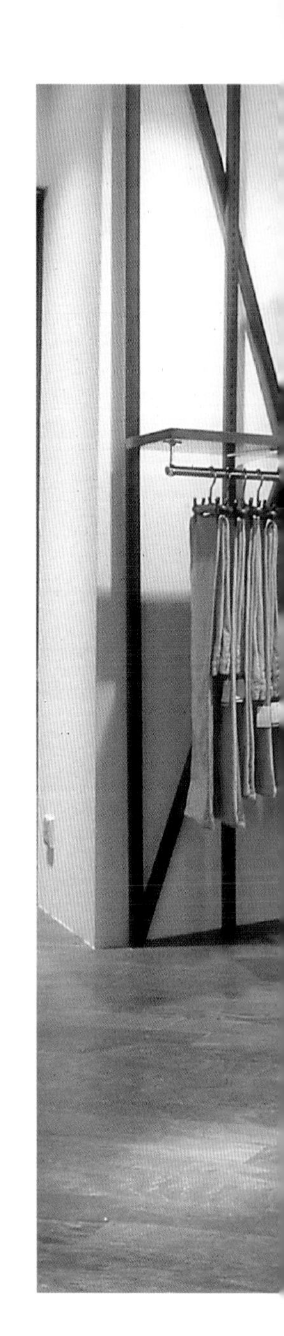

名牌男装陈列室

名牌男装陈列室

名牌男装陈列室

名牌男装领带部

名牌男装陈列室

香水种类效果图

设 计 者: KAREN WONG
国家或地区: 香港
项 目 名: Bubby wave 香水和香料商店

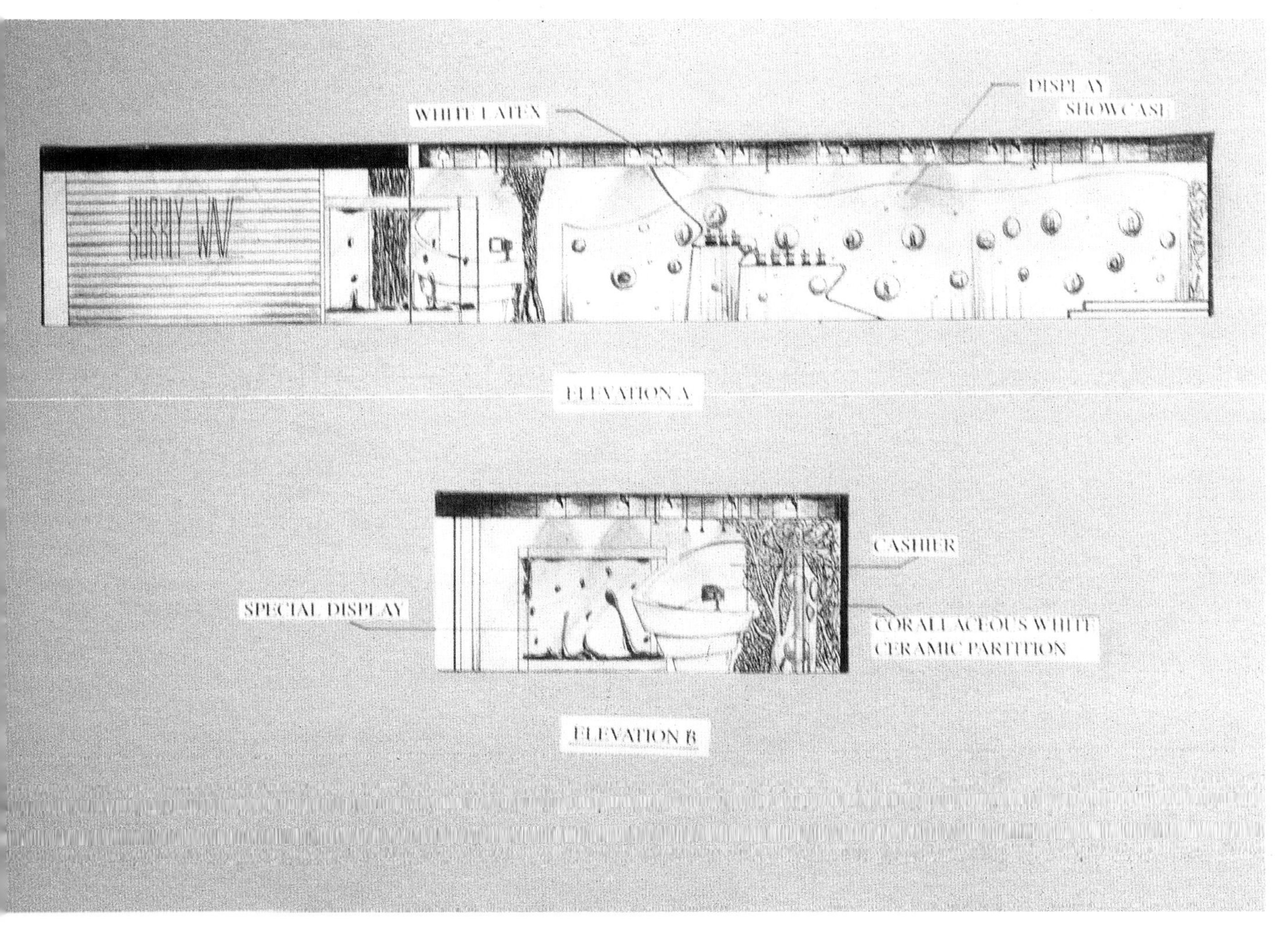

平面图

Bubby Wave 是 Galleria Central 地区新成立的一家香水和香料商店。经纪人从英国进口货物，20 岁至 40 岁年龄段的顾客是其销售目标。要求其商店能在顾客中留下强烈的印象。

设计简介

本店的主体是大海中的浪花，这一主题是在浪花追逐潮流的景观中产生灵感而形成的。这一景观恰似香水和香料随风飘逸，染香四方。商店前面放置两个大水槽，槽内漂浮着蜡制展品。穿过入口是干海草编成的屏风将展区分开。商店中间有一浪花状大型香水测试架，它由树脂板和铁丝组成，直达棚顶。左侧是一个贝壳状的白色收银台，还有一个花冠状瓷质屏风遮住了通往仓库的路径。从左向右顺着水流是一类似白色长浪的展橱，许多玻璃球贯穿店内，所有这些玻璃球都是香水展橱。一些玻璃泡内可能有鱼，有些里面有香水。在右侧是香料区，那儿有两个台阶。还有许多沙子，就像个海滩，香料容器是由无色树脂制成的，顾客可以据己所需取得适量香料。那一侧的墙壁支撑在许多碎玻璃上，产生反射效果，就像阳光下波光粼粼的大海。整个屋顶镶着泛着灿烂光辉的三角形树脂板，在顶灯的照射下，这一设计产生将商店置于水下的氛围。

POT POURRI AREA

富于特色的天花

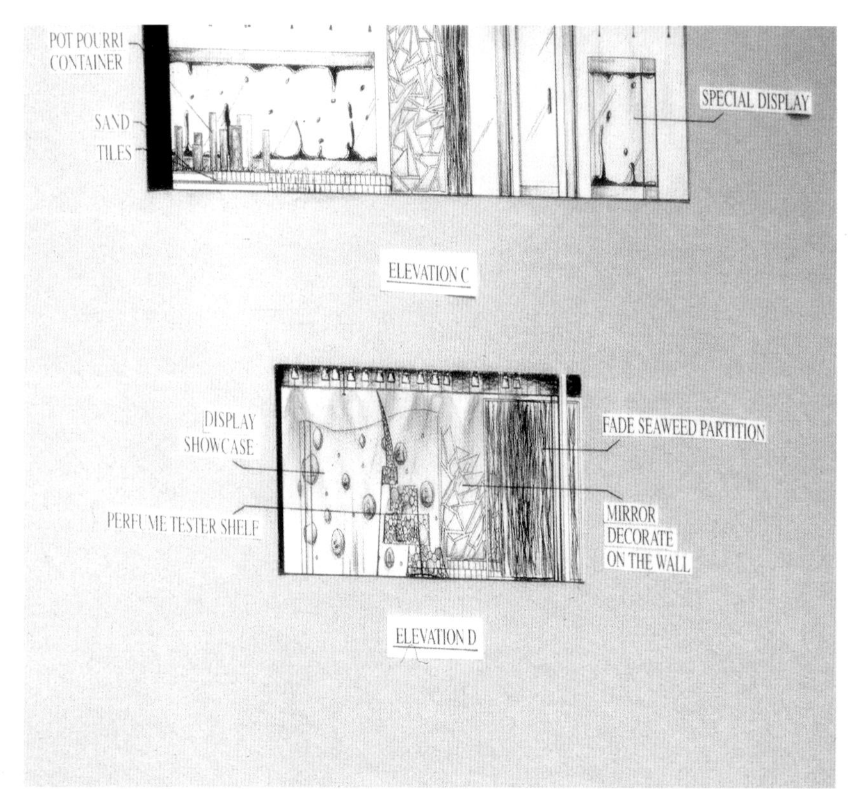
POT POURRI CONTAINER
SAND
TILES
SPECIAL DISPLAY
ELEVATION C
DISPLAY SHOWCASE
PERFUME TESTER SHELF
FADE SEAWEED PARTITION
MIRROR DECORATE ON THE WALL
ELEVATION D

平面图

装饰用料色板

设 计 者：WONG WING-SLE
国家或地区：香港
项 目 名：Lady Else
项目地点：香港中心

“Lady Else”是一家经销优质泳装和小饰品的商店，其销售对象主要是新潮女性。该店位于女皇路9号，商店号码Central Galleria 201 - 202 。

该店设计思想以游泳池换装室的景致为基础。店内地板由树脂做成，由一木架支撑，地板下注入水，人走在上面宛如涉水而行。右侧为两间试衣室。设计成半圆形的淋浴间，顾客走进店内，会被由双面镜制成的鱼池吸引，外面的顾客可以和里面的顾客得到同样的视觉享受。试衣室前有一试鞋用的椅子、提包柜和用来展示潜水镜的陈列架。泳池对面是收银台，此处有为顾客提供的包装纸并展览太阳镜。

饰物店内部景观

富有特色的注水吧板

试衣室前陈列架

泳装店铺

[ixi:z] Shop

名牌时装店正门橱窗

项 目 名: [ixi:z] Shop

项目地点: Shop 231-2 Ocean Centre 5 Canton Road Tsimshatsui,Kowloon Hong Kong

一家服装专卖店。经营来自日本的一位服装设计师的服装品牌。目标顾客是时髦的年轻人。

— 为这一品牌创造全新的形象。

— 引入美国式的青春、悠闲的外观等几个方面。

— 提供广泛的灵活性。

面临挑战

背景装饰屏幕不结实，不能支撑重衣物。

设计途径

— 利用固定装置支撑悬挂着的沉重衣物。

— 墙上悬挂的展品可以放在几个有轮的,能自由移动的装置上。这样，展品就可以移动到店内不同地方。

设计思想与审美

— 一个年青、清新、活泼且深邃的形象。

— 功能、优美与灵活性相结合以适合客户的要求。

[íxi:z]
SALE
UP TO
50%
OFF

[íxi:z]

正门橱窗

效 果 图

名牌时装陈列室

名牌时装陈列室

名牌时装陈列室

名牌时装陈列室

名牌时装陈列室

名牌时装陈列室

名牌时装陈列室

前 厅

设 计 者: KEITH GRIFFITHS
设计公司: LPT INTERIORS
国家或地区: 香港
项 目 名: Whampoa Garden Site 2
项目地点: Whampoa Garden Site, Kln. Ltd.
承 建 商: Wing Hong Construction Ltd.
客 户: Hutchison Whampoa Property Ltd .

这个项目是重新设计和改造业已存在的零售店，包括在G/F，B1/F和B2/F层。使用适中的材料，结合这次修整使之成为一个商场。

为了提高和扩大零售店的潜力，使用流行材料创造一个现代含义的零售店。使用矽钢、磨砂和雕刻玻璃等材料，背后是使用说明，加工成模型的石膏天花板，最后在两个方向磨成波浪状。

可利用Hilton旅馆带斑纹的石球更加吸引人，并保持寂静。

Whampoa Garden Site 2

天花特色

扶 手

'THE
ROCK'

公司招牌

Menta Shop

陈列室

陈列

项 目 名：Menta Shop

项目地点：Shop 318-9 Times Square 1 Matheson Street Causeway Bay Hong Kong

陈列室

陈列室

1994 年在香港首次出台的专卖意大利品牌的零售店。香港现有两家分店，预计到 1997 年底增加到 9 家。

设计简介

在阿曼尼形象中创造具有意大利风格的氛围，但要与香港特色相融汇。

面临挑战

精心谐调和建立产品，为一系列香港服装市场的连锁店和零售店创造特性，包括标语、形象和色彩设计。

设计思路与审美

白色墙壁上悬挂着橄榄绿色的绸带，蓝灰色的瓷瓦内嵌入白色不锈钢扶栏和铆订。整体氛围和谐统一并表达了工业化潮流。滤光器的运用达到了特殊效果。

正门及橱窗

正门及橱窗

Celine Boutique

橱窗

公共走廊

运用 Celine 模块为基准的观念，创造适合亚洲气候。

位于太平洋大厦的Celine服饰专卖店要作为其他连锁店的雏型。在Celine组合模块的构架中设计商店空间，同时要符合建筑管理指导及内部设计，同时还受到临街面外观限制。

面临挑战

如何在Celine形象已固定的情况下创建具有自己特色的香港连锁店。如何在区分男士服饰专卖店和女士服饰专卖店的同时保持两者之间风格和谐。

设计途径

保持市面上大多数 Celine 连锁店欧洲风味的同时，通过减少木材使用量和采用淡雅色调来适应欧洲背景和气候。嵌入米色和灰色相间的地毯中的一条木板构成的轴心，既指引方向又标出了桃木展区和绿岛的所在。保持男士用品专卖店和女士用品专卖店之间极其微小的差别，以在移动和重新排列仓储商品时游刃有余。

设计思路与审美

石制拱门和模仿欧洲风格的石块结构墙壁。减省木材实用量并采用浅色来淡化欧洲观念以认同香港的亚热带气候。这一设计思路要在室内设计中采纳。柔和的光线，照射在商品上排除了其他连锁店中的平光照射效果。此外视屏展示着在巴黎时装节展出的全套商品。这些服饰可以现场选购也可以订购。

陈列室通道
陈列室
陈列室
陈列室

Soly Luna Lifestyle Gallery

家具陈列室橱窗

项　目名：Soly Luna Lifestyle Gallery

项目地点：52 D'Aguilar Street Road Central Hong Kong

家具陈列室

位于一个新潮娱乐区的三层系列现代家具展览室。

在温暖、热情的气氛中展览家具，参观者仿佛移步友人家中。

面临挑战

展览室是一家日本餐馆的前厅。一个狭窄的楼梯连接一楼与二楼。餐厅的烟尘粘在墙上留下的一层黑色污垢必须擦掉并且重新装饰墙壁。夹层楼板上及其低矮的棚上大梁不仅是个设计难题，而且人们有危险把头撞在其上。

设计途径

引入一个楼梯把夹层地板与一楼连接起来，就可以把展览厅统一成为一个整体。扶栏设计成可以移动的，以方便家具搬运。用锦绸饰物装饰家具，在处理低矮的棚上大梁时尤见成效，层层叠起以防万一头撞在上面。

墙壁重新粉饰成白色。木结构的架子和扶栏使墙壁色调转暖。

设计思想与审美

在亲切的居家式背景下展览家具和其他附属饰物，这样的空间感觉，有助于顾客联想到实际情景，宛如身临其境。展览厅得益于入口外街道上美丽的树木，从而加强了如在家中的感觉。

每层展室刚过 300 平方英尺，恰为平常居室的尺寸。这使把它们变成公寓中代表不同空间的居室更加方便易行。

底层楼被分成两部分。前面是起居室。其背景是无规则形状的展箱，用来作放置小饰物的架子，同时又把公共场所和后面楼梯下的工作室分隔开。夹层板设计成一新潮沙龙，装饰的低梁中反出朦胧的光，顶楼是卧室，天花板中心漂浮着一个华盖。

家具陈列室

家具陈列室

零售店内所售之物品

设 计 者：WARREN WAI YI MAIC
国家或地区：香港
项 目 名：零售店
项目地点：香港 Wanchai

设计项目

在零售店设计中专研垂直完整性。

目标

介绍和深化以垂直方式统一空间的能力。

进一步深化观察、分析和记载现场因素的技能。

介绍和深化对零售店设计创造恰当形象的能力

通过对空间观念/理论的探索及对室内设计因素的运用进一步鼓励发明和创新。

进一步提高语言和视觉交流技能

简介

香港几乎完全依赖进口消费品来满足其650万人口的需求。1995年进口的消费品总值约35亿港元，占全部进口量的40%主要进口消费品有：食品、饮料、服装、鞋袜、旅游用品、家具、照相机、电视机、光盘、放映机、珠宝、手表、提包及类似物品。

假设你的一位将进四十岁的朋友要开一家经营类似上

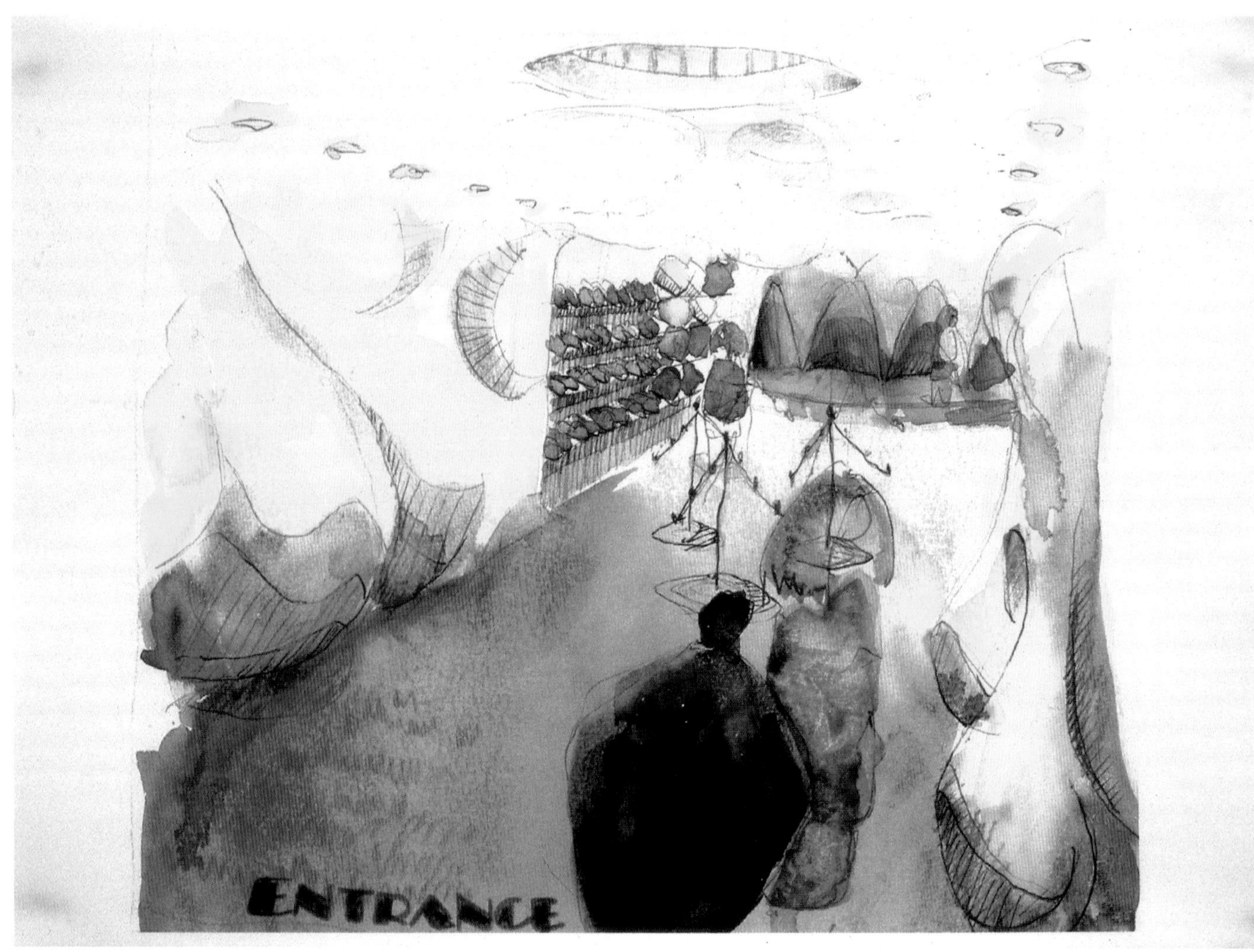

零售店入口草图

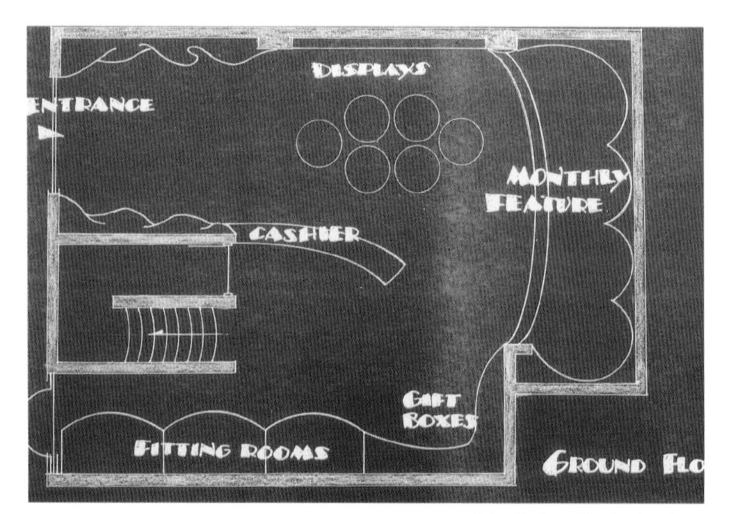

零售店内部设计平面图

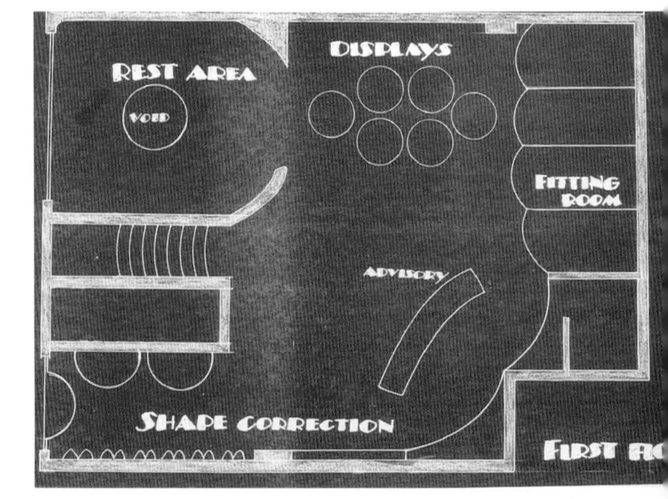

零售店内部设计平面图

述流行商品的零售店，她／他意识到，要想生存和成功，零售店必须比同行高出一筹。当顾客买她／他经营的那类商品时，她／他的商店是首选。因此她／他竭诚欢迎任何新颖别致的设计创意为她／他的新业务繁荣助一臂之力。

简要要求

你要对朋友经营商品的选择提出建议。要求进行研究和分析以选择时髦的品名或商品，以吸引一个崭新而巨大的市场。

CASHIER &
FITTING ROOM
ON G/F

收银台及试衣室

試身室
FITTING RM
睡衣
NIGHT DRESS
身段美化
SHAPE CORRECTION
SHAPE
CORRECTION
1/F

试衣室

試身室 身段美化
FITTING RM SHAPE CORRECTION
晚衣
NIGHT DRESS
SHAPE
CORRECTION
1/F
一楼休息区

ENTRANCE
入口草图

明亮的天花及地面

国家或地区：香港
项 目 名：食品市场
项目地点：香港 Tai Tam
承 建 商：Artful Desing&Contracting Ltd.
客　　户：Market Republic Ltd.

沿墙壁一侧悬挂着一系列木质装饰板，从公司入口一直到中国雕塑展览壁龛。

沿着厅堂，从接待室起延伸着山毛榉胶合饰板，饰板上是嵌着镜面和朦胧的玻璃。当人们走向CEO办公室和董事办公室时，会产生一种温暖、庄严的感觉。

为了突出办公室多国性和跨文化性特色及客户独特的性格，战略性地运用了一些能产生向上感觉的构成因素，包括：由Henry Steiner设计的安装在公司标语后的红色纤维饰板，古色古香的家俱，中国画和银箔装饰的展览龛。

大门入口

商品陈列架

FAT-FREE Crackers
Herbs
Whole Wheat
JALAPENO crackers
SEAFOOD

商品陈列架

水果蔬菜厅

食品冷柜

酒 库

酒 库

铺　面

设 计 者: Joseph Niu
设计公司: N.S.W. 设计有限公司
国家或地区: 台湾
项 目 名: 新玻璃制品行
项目地点: 台湾 台北
客　　户: 新玻璃制品行

新玻璃制品行是用来出售精致玻璃制品的商店。客户希望每件摆放的玻璃制品都能表达出高雅气质。我们的意图是想把他们像珍宝一样展示。

整个空间是带有弯曲型展墙的小地方。把每件作品都陈列在同视线一般高的地方，精致的作品被上下的射灯映出。感兴趣的不仅是弯曲型的展墙，而且截面是倾斜的。为了增加立体感，展墙从后后加高一直延伸到前面橱窗。展墙嵌有黑花岗岩边能反射出金色叶片。

展墙使用的材料是争论一段时间才被确定为人工做的金色叶纸。这种材料由于具有多种涂料，使作品的内涵与材料融为一体。

在展墙里能摆放更多的展品，粗制的涂料墙平衡了金色叶漆。沿着橱窗是订做的金属展示区，这个区是可改变的，能适合不同的作品。一块黑色丝纤维为橱窗和室内提供了半透明背景。

室外表面是一幅由金属、玻璃和石头构成的粘贴画，代表制造玻璃的各种材料。表面的另一端是用来展示单件作品的拱型展台，拱型代表加工玻璃的炉具。

铺 面

陈列处

陈列架

墙 饰

楼 梯　展 厅

店 面　收银台

店 面

店 面

微机工作室

墙 饰

墙 饰

展 柜

展厅

店面

展厅

工作间

店 面

展示架

购物中心

接待处

店 面

休息角

休息角

陈

收银台

耐克商场

（吉）新登字06号

国际室内设计大师设计实例　店面店铺(二)

INTERNATIONAL INTERIOR DESIGNERS
EXAMPLES OF WORKS COMMERCIAL

主　　编：罗锦文(香港)
编 委 会：罗锦文（香港）方振华(香港)
JOHN JARAN(英国) 陈妙妍(香港)
ROBERT WALL（澳大利亚)
JOHN BOWDEN（英国)
供　　稿：香港室内设计协会
责任编辑：程秀华
总体设计：张亚力
技术编辑：王　平
译　　文：王文永
出　　版：吉林美术出版社
(中国·长春市人民大街124号)
发　　行：吉林美术出版社图书经理部
发行总监：石志刚
制　　版：吉美影像中心
印　　制：深圳雅昌彩色印刷有限公司
版　　次：1999年1月第1版第1次印刷
规　　格：特16开（215×285） 印 张：6.5
书　　号：ISBN7-5386-0739-0/J·486
定　　价：人民币88.00元